RMEER
Karasee
Laptewsee
Ostsibirische See
Barentssee
NÖRDLICHER POLARKREIS
Beringmeer
Ochotskisches Meer
ASIEN
A
olomiten
alien, S. 32
K2
Karakorum, S. 8
telmeer
Ost-chines. Meer
Kaschmir
Indien, S. 40
Shishapangma
Tibet, S. 16
NÖRDLICHER WENDEKREIS
Rotes Meer
Philippinensee
Arabisches Meer
Golf von Bengalen
Süd-chines. Meer
PAZIFISCHER OZEAN
IKA
ÄQUATOR
Javasee
Bandasee
INDISCHER OZEAN
Arafurasee
Korallen-see
SÜDLICHER WENDEKREIS
AUSTRALIEN
Große Australische Bucht
Tasman-see
SÜDLICHER POLARKREIS
KA

Bibliografische Information der Deutschen Nationalbibliothek:
Die Deutsche Nationalbibliothek verzeichnet diese Publikation in der Deutschen Nationalbibliografie. Detaillierte bibliografische Daten sind im Internet über http://dnb.d-nb.de abrufbar.

3 2 1 C B A

Fotos: Florian Wagner
Text: Tom Dauer
Cover und Innenlayout:
Atelier Bea Klenk, Bea Klenk/Sabina Riedinger

FSC www.fsc.org MIX Aus verantwortungsvollen Quellen FSC® C114500

ISBN 978-3-473-55426-3

www.ravensburger.de

100%
ABENTEUER

FLORIAN WAGNER
TOM DAUER

BERGE

FLORIAN WAGNER

Florian Wagner stammt aus dem bayrischen Passionsspielort Oberammergau. Dort wurde er 1967 geboren. Früh entdeckte er seine Leidenschaft fürs Reiten und Fliegen. Mit 16 war er einer der ersten Gleitschirmpiloten in Deutschland. Nach dem Abitur wurde er Ausbilder für Gleitschirmflieger, später erwarb er in Amerika die Lizenz als Hubschrauberpilot. Mit 20 entdeckte er die Fotografie für sich als einen Beruf, in dem er beide Leidenschaften zusammenführen konnte.
Schnell erobert er sich in der Branche einen Ruf als Abenteuerfotograf. Er durchquert Australien auf dem Motorrad, macht Reportagen über Heliskiing in Kaschmir und in Kanada, spürt in Kanada dem seltenen Spiritbear nach (einem Karmode-Schwarzbären, den die Indianer als heilig verehren). Er reitet mit den Cowboys im australischen Outback, fliegt mit dem Helikopter die Westküste der USA ab und lernt in den Wüsten des mittleren Ostens die Eigenschaften des Araberpferdes (Schnelligkeit, Ausdauer, Intelligenz) schätzen.
Er fotografiert für verschiedene Illustrierte und Tageszeitungen. Seine Bilder stellt er in namhaften Galerien und Museen aus. Doch am liebsten nutzt er jede freie Minute zum Gleitschirmfliegen oder um auf einem seiner drei Pferde zu reiten.

Auf einer Behelfsbrücke überqueren zwei Träger aus Baltistan eine tiefe Spalte des Baltoro-Gletschers. Das Eis ist mit Gesteinsschutt bedeckt, den der Gletscher ins Tal transportiert.

DER BERG DER BERGE

Der K2 ist die zweithöchste Erhebung der Erde. Doch er ist viel schwieriger zu besteigen als der gut 200 Meter höhere Mount Everest. Nicht umsonst gilt er als einer der gefährlichsten Berge überhaupt.

Eine imposante Kulisse
Mit ihren schweren Lasten haben die Träger keinen Blick für den 7284 Meter hohen Muztagh Tower.

Eigentlich müsste sie jetzt glücklich sein. Sich freuen, in Jubel ausbrechen und einen nach dem anderen umarmen. Doch Edurne Pasaban ist nicht glücklich. Im Gegenteil: Sie ist müde, völlig erschöpft. Ihr Gesicht ist gezeichnet von tagelanger Anstrengung, von Hitze und Eiseskälte. Die junge, hübsche Frau sieht aus, als wäre sie um Jahre gealtert. Drei Tage zuvor stand die Spanierin Edurne Pasaban auf dem Gipfel des K2. Ihr Aufstieg hatte sie über den Südostgrat, den sogenannten „Abruzzisporn", geführt. Dieser gilt als Normalweg, also als leichteste Route auf den zweithöchsten Berg der Erde. Doch was heißt schon leicht! In großer Höhe wird jeder Schritt, jede Bewegung, jeder Atemzug zu einer Herausforderung. Das liegt an der„dünnen Luft": Je höher man aufsteigt, desto geringer wird der Luftdruck. Mit dem Luftdruck sinkt aber auch der Druck des lebensnotwendigen Sauerstoffs. Die Blutgefäße in der Lunge verengen sich, und Bergsteiger wie Edurne Pasaban haben zu wenig Sauerstoff im Körper. Das kann zu schweren Krankheiten, im Extremfall sogar zum Tod führen. Um der gefürchteten Höhenkrankheit vorzubeugen, gewöhnen sich Bergsteiger deshalb ganz langsam an die Höhe. Diese Zeit der Anpassung wird „Akklimatisation" genannt. Sie dauert mehrere Tage, manchmal Wochen. Edurne Pasaban hatte schon über einen Monat am Fuß des K2 verbracht,

Schwertransport
Jede Expedition zum K2 ist auf die Hilfe der einheimischen Träger angewiesen. Diese tragen Ausrüstung und Lebensmittel ins Basislager. Ihre Lasten wiegen rund 30 Kilo.

Mahnmal
Die Gilkey-Pyramide erinnert an die Frauen und Männer, die am K2 verunglückten. Art Gilkey war ein Amerikaner, der dort 1953 sein Leben verlor.

bevor sie den Aufstieg wagte. Der letzte Tag zum Gipfel verlangte alles von ihr ab: 15 Stunden stapfte sie durch hüfttiefen Schnee, überwand eine steile Eiswand nach der anderen. Ihre Oberschenkel brannten, der Puls raste, Kopfweh machte ihr zu schaffen. Dennoch kämpfte sie weiter, bis sie auf dem Gipfel stand. Erlöst war sie damit noch nicht. Eine Bergbesteigung endet schließlich erst dann, wenn man gesund ins Tal zurückgekehrt ist. Doch der Aufenthalt in der „Todeszone" über 7000 Meter – in der sich der Körper auch dann nicht erholen kann, wenn man still sitzt – hat Edurne Pasaban stark geschwächt. Nur mithilfe ihrer Gefährten, die sie stützen und über steile Passagen abseilen, schafft sie es zurück ins Basislager. Als sie ihre Bergschuhe auszieht, erschrickt sie: Ihre Zehen sind teilweise erfroren.

Gehen kann die Spanierin nicht mehr. Ihre Füße in dicke Verbände gepackt, wird sie mit einem Hubschrauber ins nächste Krankenhaus geflogen.

Gefährliche Gipfel

Nachdem Florian Wagner die Ankunft seiner Freundin Edurne, ihre Schmerzen, ihr Leid, ihren Abtransport miterlebt hat, sagt er: „Die Welt des Höhenbergsteigens ist eine Welt, die faszinierend ist und die mir zugleich Angst macht." Im Jahr 2004 ist der Fotograf ins pakistanische Karakorum-Gebirge gereist. 50 Jahre zuvor war der K2 erstmals bestiegen worden, von den Italienern Lino Lacedelli und Achille Compagnoni. Um dieses Jubiläum zu feiern, sind Bergsteiger aus 15 verschiedenen Staaten an den Fuß des K2 gekommen. Darunter auch Edurne

Vollkommen erschöpft kehrt die Spanierin Edurne Pasaban ins Basislager zurück.

Bei schönem Wetter versuchen viele Bergsteiger gleichzeitig am „Abruzzisporn" Höhe zu gewinnen.

Wie ein Adlerhorst thront das Lager 1 hoch über den Gletschern des Karakorum-Gebirges.

Mit erfrorenen Zehen wird Edurne Pasaban vom Basislager ins Krankenhaus geflogen.

14 X 8000

Der Südtiroler Reinhold Messner ist der erste Mensch, dem die Besteigung aller 14 Achttausender gelang. Dabei verzichtete er auf die Hilfe von Flaschensauerstoff – als Erster auch am Mount Everest.

13 JAHRE

Jordan Romero aus den USA erreichte 2010 den Gipfel des Mount Everest. Er war damals erst 13 Jahre alt.

Pasaban. Sie reizt der Aufstieg auf den Berg, dessen Name so unromantisch klingt. 1856 wurde der Gipfel von Thomas Montgomerie zum ersten Mal vermessen. Aus 250 Kilometer sah der Brite zwei Spitzen aus der Karakorum-Kette herausragen. Er nannte sie K – für „Karakorum" – 1 und 2. Erst später stellte man fest, dass der K2 der zweithöchste Berg der Erde ist. Und einer der gefährlichsten! Etwas mehr als 300 Menschen haben es bisher geschafft, den Gipfel des K2 zu betreten. 84 sind bei dem Versuch oder beim Abstieg ums Leben gekommen – fast jeder dritte Bergsteiger also. Dennoch gibt es immer wieder Frauen und Männer, die die Gefahren in Kauf nehmen.
„Und in gewisser Weise", sagt Florian Wagner, „kann ich das sogar verstehen." Er selbst ist zwar kein extremer Bergsteiger oder Kletterer. Aber er ist ein sehr naturverbundener Mensch. Und deshalb kann er sich auch für die „wunderschöne Pyramidenform des K2", für die „endlos weiten Gletscher" des Karakorum, für die „Gewalt der Lawinen" und für die „heftigen Wetterumstürze" begeistern.

Ein beschwerlicher Aufstieg

Neun Tage lang war Florian Wagner unterwegs, um das Basislager, den Ausgangspunkt am Fuß des K2, zu erreichen. Die erste Etappe führt über schmale, holprige Straßen, auf denen kaum ein Jeep Platz hat, entlang des tosenden Braldu-Flusses bis zur Siedlung Askole. Das kleine Dorf liegt bereits auf 3000 Meter Höhe. Dort beginnt der Fußmarsch ins Baltoro-Tal und über den Baltoro-Gletscher – einen 62 Kilometer langen Eisteppich, der sich durch das Gebirge hindurchwindet und am „Konkordiaplatz" endet. Nach einigen weiteren Stunden Fußmarsch erreicht Florian Wagner das Basislager auf dem Godwin-Austen-Gletscher. Das Camp liegt 5000 Meter hoch – höher als der Mont Blanc, der höchste Gipfel der Alpen! Kopfschmerzen plagen ihn, und schon nach wenigen Schritten muss er hechelnd um Luft ringen. Es dauert einige Tage, bis sich der Fotograf an die Höhe gewöhnt hat. Dann aber beschließt er, selbst Achttausenderluft zu schnuppern, und macht sich auf ins Lager 1. Es gibt zwei Möglichkeiten, einen hohen Berg zu besteigen. Das klassische Vorgehen wird „Expeditionsstil" genannt. Das bedeutet, dass die Bergsteiger auf ihrem Weg nach oben Camps einrichten, die sie mit Zelten, Isomatten, Schlafsäcken und Nahrungsmitteln ausstatten. Auf dem „Abruzzisporn" am K2 sind das in der Regel vier Lager. Oft wird der Weg zwischen den Lagern mit „Fixseilen" gesichert – an diesen können die Bergsteiger schnell auf- und absteigen. Jedoch ist diese Art des Bergsteigens sehr material- und zeitaufwendig. Deshalb bevorzugen viele Bergsteiger den „Alpinstil". Alles, was sie benötigen, tragen sie in ihrem Rucksack mit sich. Der Alpinstil kann jedoch

MOUNT EVEREST

8848 m – erstbestiegen wurde der höchste Berg der Erde 1953, als zweiter Achttausender überhaupt. Heute ist er zu einem beliebten Ziel geworden. Ohne Sauerstoffflasche haben nur etwa 150 Menschen den Mount Everest bestiegen.

K2

8611 m – der K2 gilt unter Bergsteigern als „Berg der Berge". Das hat mit seiner gleichmäßigen Gestalt zu tun. Vor allem aber mit den Kletterschwierigkeiten, die in großer Höhe bewältigt werden müssen. Der K2 ist einer von zwei Achttausendern, die noch nie im Winter bestiegen werden konnten.

KANGCHENDZÖNGA

8586 m – der dritthöchste Berg der Erde ist ein eigenes kleines Gebirge. Übersetzt bedeutet sein Name „Fünf Schatzkammern des Großen Schnees". Weil der Berg den Menschen an seinem Fuße als heilig gilt, verzichteten die Erstbesteiger 1955 darauf, die höchste Spitze zu betreten.

gefährlich werden, wenn sich jemand verletzt oder das Wetter schlechter wird. Dafür ist man aber schneller unterwegs – was kürzere Aufenthalte in der Höhe und damit mehr Sicherheit bedeutet. Über solche Dinge muss sich Florian Wagner zum Glück keine Gedanken machen. Sein Aufstieg endet auf etwas über 6 000 Meter Höhe im Lager 1. Wie ein Adlerhorst hängt sein Zelt an einem schmalen Grat, hoch über dem Basislager. Weit schweift der Blick über den Konkordiaplatz und die Gipfelkette des Karakorum. Der anstrengende Aufstieg hat sich gelohnt: Im Lager 1 gelingt dem Fotografen ein Bild, das sowohl die Gefahren, aber auch den Reiz des Höhenbergsteigens darstellt. Als Florian Wagner nach seinem Aufstieg zurückkehrt, ist er „total platt". Ein paar Tage später torkelt Edurne Pasaban ins Basislager. Die Spanierin hat ihre Tour nur mit viel Glück überlebt. Doch Edurne Pasaban kann nicht von den hohen Bergen lassen. Einige Jahre nach ihrem K2-Abenteuer wird sie die erste Frau sein, der die Besteigung aller 14 Achttausender gelingt.

Ruhetag
Im Küchenzelt erholen sich die Bergsteiger von den Strapazen der Expedition.

Das Mondlicht erhellt die Südflanke des K2.

UNTER KEINEM GUTEN STERN

Der Bodnath Stupa in der nepalesischen Hauptstadt Kathmandu ist für Buddhisten von großer Bedeutung. Sie umrunden das Bauwerk im Uhrzeigersinn.

Sébastian de Saint Marie tut das, was ihm am schwersten fällt: Er wartet. Die Reise von Nepal ins tibetische Hochland nimmt viel Zeit in Anspruch.

Sébastian de Saint Marie hat 2011 einen verwegenen Plan: Er will mit Ski vom Shishapangma abfahren. Florian Wagner ist als Fotograf mit von der Partie. Doch es kommt anders als geplant.

Die beiden Männer sind am selben Berg unterwegs. Sie teilen sich das Basislager, das Satellitentelefon und Frühstück und Abendessen. Sie stehen gleichzeitig auf und haben denselben Tagesablauf. Sie genießen dieselbe Umgebung, die hohen weißen Gipfel um sie herum. Seit Wochen schon leben sie gemeinsam. Doch jeder von beiden will etwas anderes. Sébastian de Saint Marie - 38 Jahre alt, Schweizer, Skifahrer aus Lausanne am Genfer See, Bergsteiger, Marathonläufer - will auf den 8 027 Meter hohen Shishapangma steigen und durch eine steile Eis- und Schneerinne in der Südwand mit Ski hinabfahren. Das hat vor ihm noch niemand versucht. Florian Wagner - 41 Jahre alt, Oberbayer, Fotograf, Skifahrer aus Leidenschaft, himalajaerfahren - will Sébastians Abenteuer mit der Kamera festhalten. Doch so einfach ist es leider nicht.

Fernglas und Landkarte
Das sind die wichtigsten Instrumente, um die Südwand des Shishapangmas zu beobachten.

Sébastian muss erst mal eine Chance bekommen, seinen Aufstieg überhaupt zu beginnen. Dazu sollte vor allem das Wetter passen. Es darf weder schneien noch stürmen.

ZWEIMAL ERSTER

Der Österreicher Kurt Diemberger ist einer von nur zwei Menschen – und der letzte lebende –, die zwei Achttausender erstbestiegen haben. 1957 stand er als Erster auf dem Broad Peak (8 051 m), 1960 auf dem Dhaulagiri (8 167 m).

SEVEN SUMMITS

Unter den „Sieben Gipfeln" versteht man die jeweils höchsten Gipfel der sieben Kontinente. Der erste, der alle sieben besteigen konnte, war der Amerikaner Dick Bass.

PLATTEN-TEKTONIK

Die äußere Schale der Erde besteht nicht aus einem Stück, sondern ist vor Millionen Jahren gebrochen. Dabei entstanden sieben große und dutzende kleinere Kontinentalplatten, die sowohl die Meere als auch die Landmassen tragen. Weil die Platten aber nicht auf festem Untergrund, sondern auf dem zähflüssigen Gestein des oberen Erdmantels liegen, bewegen sie sich ständig.

PLATTEN-KOLLISION

Der Himalaja mit seinen über 8 000 Meter hohen Gipfeln wächst bis heute etwa einen Zentimeter pro Jahr. Grund dafür ist der Zusammenprall von Indischer und Eurasischer Kontinentalplatte. Durch die Kollision der beiden Platten wird der Himalaja aufgefaltet. An der Nahtstelle zwischen ihnen liegen Nepal und Tibet. Weil sich die ineinander verkeilten Kontinentalplatten oft ruckartig entspannen, bebt dort häufig die Erde, zuletzt im Frühling 2015.

Ideale Bedingungen

Es muss kalt genug sein, damit nicht der gesamte Hang zu einer Lawine wird. Und damit der Frost die Steine zusammenhält, die sonst wie Bowlingkugeln durch die Aufstiegs- und Abfahrtsrinne donnern. Es darf aber auch nicht zu kalt sein – dann nämlich gefriert der Schnee zu einer spiegelglatten Eisfläche, auf der die Skikanten keinen Halt mehr finden. Sébastian und Florian Wagner halten sich nun schon einige Wochen am Fuß des Shishapangmas auf. Noch will ihnen der Berg keine Chance für einen Gipfelversuch gewähren. Noch gibt es keine Fotos. Die beiden Männer warten nur darauf, dass sich das Wetter endlich bessert. Dass die Nächte kälter und die Tage warm werden und dass es aufhört zu stürmen. Dann endlich wird Sébastian starten – und für Florian Wagner ergibt sich ein weiteres Problem. Der Schweizer Skifahrer wird nämlich sehr schnell unterwegs sein, um möglichst wenig Zeit in der Gefahrenzone zu verbringen und um das Wetter möglichst gut zu nutzen. Florian Wagner, der zwar sehr fit ist, wird ihm dann nicht folgen können. Und wieder wird es keine Fotos geben. Bleibt nur noch eine letzte Möglichkeit. Florian Wagner schlägt Sébastian vor, gemeinsam und unabhängig vom Gipfelversuch auf etwa 6 500 Meter Höhe aufzusteigen. Für Sébastian wäre dies ein Trainingsausflug, bei dem er sich besser an die Höhe gewöhnen könnte. Und Florian Wagner könnte die Skibilder machen, die ein großes Magazin bei ihm bestellt hat. Doch Sébastians Antwort ist völlig unerwartet. „Ich will", sagt er, „gar nicht fotografiert werden." Als Florian Wagner dies hört, ist er geschockt. Und jetzt? Ist er völlig umsonst in den Himalaja gereist? Wie stellt sich Sébastian das vor? Er lebt ja schließlich auch davon, dass sein Name und seine Abenteuer bekannt werden.

Schneller Aufstieg

Der Shishapangma erhebt sich 8 027 Meter hoch über dem tibetischen Hochland. Sein Name bedeutet „Bergkamm über der Grasebene". Erst 1964 wurde der Shishapangma durch chinesische Bergsteiger zum ersten Mal bestiegen. Zum Vergleich: Auf dem Annapurna, 8 091 Meter hoch, stand schon 1950 eine französische Expedition. Dass es mit der Besteigung des Shishapangma so lange dauerte, hat nichts mit Bergsteigen, aber viel mit Politik zu tun. Im Jahr 1950 besetzte der große Nachbar China ganz Tibet – und sperrte die Region für ausländische Besucher. Erst viel später wurde es möglich, wieder nach Tibet zu reisen. Die Expedition von Florian Wagner und Sébastian steht von Beginn an unter keinem guten Stern. Weil die Männer Zeitdruck haben, sind sie viel zu schnell ins Basislager aufgestiegen – in nur einem Tag von 3 500 auf 5 000 Meter Höhe. Florian Wagner bezahlt für die viel zu kurze

Die Figur des Buddha ziert einen alten Schrein.

Ein junger Mönch besucht eine Klosterschule in Kathmandu.

In diesem Laden findet man von der Gebetsmühle bis zu Räucherstäbchen alles, was man für religiöse Zeremonien braucht.

Buddhistische Mönche studieren ihre Schriften.

Kinder und in bunte Saris gekleidete Frauen beleben die Straßen Kathmandus.

Während die ersten Sonnenstrahlen die Südwand des Shishapangmas rötlich färben, liegt das Basislager noch im Schatten. Temperaturunterschied: 35° in der Sonne, –20° im Schatten.

Anpassungszeit mit „einer Woche Kopfweh". Außerdem schmerzt sein Knie. Es ist schon viel zu oft operiert worden – nach einem Gleitschirmabsturz, nach einem Schlittenunfall, nach einem Motorrad-Crash. Das Gelenk beginnt sich abzunutzen. Nachdem die Expedition ihr Basislager eingerichtet hat, bringt eine Schlechtwetterfront Regen und Schneefall. Zudem weht in der Höhe starker Wind. Dieser verfrachtet den Neuschnee vor allem in die Rinnen, die die Südwand des Shishapangmas durchziehen. Und damit auch in die geplante Aufstiegsroute Sébastians. Florian Wagner versucht das Beste aus der Situation zu machen: „Ich legte mich einfach eine Woche lang ins Zelt und las." Der Fotograf genießt die Zeit sogar, denn zu Hause kommt er so gut wie nie dazu, ein Buch in die Hand zu nehmen. Sébastian dagegen findet keine Ruhe. Seit er vor etlichen Jahren die Südwand des Shishapangma auf einem Foto gesehen hat, ist er von dem Gedanken besessen, sie mit Ski zu befahren. Jahrelang hat er sich auf dieses Abenteuer vorbereitet. Er hat seine Kondition trainiert, seine Klettertechnik verbessert, Erfahrung in den hohen Bergen gesammelt. Jetzt sitzt er direkt vor „seiner" Wand. Und ist zur Untätigkeit gezwungen. Tagelang harrt er auf einem großen Stein aus, um die Südwand mit einem Fernglas zu studieren. Immer wieder krachen Lawinen zu Tal, deren bedrohliches Donnern im ganzen Tal widerhallt. Riesige Steine purzeln die Wand hinunter, als spiele ein Riese mit Murmeln. Dazu kommt der Eisschlag, wenn die Sonne in die Wand scheint und diese aufwärmt. Sébastian versucht, irgendeine Regelmäßigkeit zu entdecken. Eine Lücke im Tagesablauf, in der die Wand sicher ist. Doch er findet keine. So sind die Nerven der Männer ohnehin zum Zerreißen gespannt, als eines Tages auch noch ein Erdbeben die Region erschüttert. Auch der Shishapangma wackelt und eine Lawine stürzt vom Gipfelgrat bis fast ins Basislager hinunter. Das bleibt nicht der einzige Streich, den der Berg Florian Wagner und Sébastian spielt. Als die beiden in das höher gelegene Lager 1 aufsteigen, das vorgeschobene Basislager, sind Sébastians Ski verschwunden. Spurlos, einfach weg, vermutlich unter Schneemassen

Tibetische Yak-Treiber wärmen sich mit heißem Tee. Außerhalb des Zeltes ist es minus zwanzig Grad Celsius kalt.

Die kräftigen Yaks dienen seit Jahrhunderten als Transportmittel im tibetischen Hochland.

begraben. Damit nicht genug, haben Krähen mit ihren spitzen Schnäbeln die Zeltwände zerhackt. Die Unternehmung scheint ein Misserfolg zu werden. Dann erhält Sébastian auch noch über das Satellitentelefon einen Anruf von seiner Frau. Bei seiner Familie zu Hause in der Schweiz wurde eingebrochen.
Halbherzig leiht sich Sébastian die Ski von Florian Wagner aus. Sein Versuch, die Südwand des Shishapangma zu durchsteigen, endet auf einer Höhe von 7050 Metern. Fast tausend Meter sind es noch bis zum Gipfel. Im Himalaja ist das eine Ewigkeit. Sébastian ist unzufrieden und enttäuscht. All die Jahre der Vorbereitung waren umsonst. Jetzt muss er versuchen, aus seinem Scheitern zu lernen. Florian Wagner überzeugt den Schweizer davon, ein letztes Mal in die Südwand einzusteigen. Gemeinsam klettern sie bis auf 6500 Meter Höhe. Dann schnallt Sébastian die Ski an und schneidet ein paar Kurven in den Schnee. Florian Wagner fotografiert. Zumindest ein tolles Bild kommt so zustande. Vielleicht ist das ja ein neuer Anfang.

Sébastian de Saint Marie im vorgeschobenen Basislager, das von Krähen zerfleddert wurde.

Auf etwa 6500 Meter Höhe schwingt Sébastian de Saint Marie die Südwand des Shishapangmas hinab.

DIE PISTEN-SHERIFFS

Ein Hubschrauber hat Bill und Dan auf einem Gipfel in Squaw Valley abgesetzt. Die beiden gehören zu den 95 Pistensheriffs der Squaw Valley Ski Patrol.

Lel Tone und ihr Hund „Kody“ auf dem Weg zu ihrem Arbeitsplatz.

Ski fahren, Hubschrauber fliegen, Lawinen sprengen und Hunde führen – die Arbeit der Squaw Valley Ski Patrol ist ganz schön abenteuerlich.

Es ist früher Morgen in der Sierra Nevada, einem Gebirgszug im US-amerikanischen Bundesstaat Kalifornien. Die gebürtige Schweizerin Lel Tone, die seit vielen Jahren in den USA lebt, und ihr Begleiter Kody sind unterwegs zu ihrem Arbeitsplatz: dem Skigebiet von Squaw Valley. Kody wurde wegen seines dunklen und struppigen Fells nach dem Kodiakbären benannt – der größten Braunbärart der Welt. Im Grunde aber ist der gut 70 Kilo schwere Rüde, ein japanischer Akita, ziemlich verschmust. Weshalb er seinem Frauchen in der engen Gondelbahn sehr nah auf die Pelle rückt. Aber dafür ist jetzt keine Zeit.

In der Gondel schweben sie über eine Landschaft wie aus einem Märchen. Felsnadeln ragen aus dem Tiefschnee, auf den Kiefern hat sich ein Eispanzer gebildet. In der Ferne glitzert der Lake Tahoe im Morgenlicht, ein kristallblauer Gebirgssee. Der Schnee ist blütenrein weiß und unberührt. Doch die ganze Schönheit stimmt Lel Tone etwas vorsichtig. Die junge Frau arbeitet für die Squaw Valley Ski Patrol, also für die Bergwacht des Skigebiets. Sie weiß, dass gerade an solchen Tagen die Unfallgefahr besonders groß ist: Der Neuschnee lockt Skifahrer in Hänge, die lawinengefährdet sind. Im Sonnenschein überschätzen die Gäste oft ihr

Können und fahren zu schnell, bis sie stürzen und sich verletzen. Die Squaw Valley Ski Patrol muss deshalb immer an Ort und Stelle sein. Am besten, bevor etwas passiert. Um die Arbeit der Pistensheriffs zu fotografieren, ist Florian Wagner nach Squaw Valley gereist.

Verschneiter Gebirgszug

Für den Bayern aus dem kleinen Dorf Oberammergau ist das „fast ein bisschen wie heimkommen". Das hat einen Grund: Das Skigebiet in den USA wurde nämlich von einem Oberammergauer geplant, gebaut und mit viel Geschick dem Stand der Technik angepasst. So errichtete Hans Burkhart, nachdem er aus Deutschland ausgewandert war, eines der schönsten Skigebiete Nordamerikas. 1960 fanden in Squaw Valley sogar die Olympischen Winterspiele statt. Seitdem hat das Dorf am Fuß der Berge, das aus Hotels, Sportgeschäften, Cafés und Restaurants besteht, einen guten Ruf in der Skisportgemeinde. Das liegt auch an den ergiebigen Schneefällen, die in Squaw Valley niedergehen. Bis zu zwölf Meter Neuschnee können in der Sierra Nevada in guten Wintern fallen. Der Name des Gebirges kommt nicht von ungefähr: „Nevada" ist ein Wort aus dem Spanischen und bedeutet „verschneit". Wie das Schicksal so spielt, blieben die Schneefälle in diesem Jahr allerdings aus. Am Tag vor seiner Abreise klingelt bei Florian Wagner das Telefon. Am Apparat ist Hans Burkhart: In Squaw Valley, sagt dieser, regne es. Alles sei grün. Der Fotograf brauche gar nicht erst zu kommen. Doch auf die Schnelle kann Florian Wagner sein Vorhaben nicht absagen. Für neun Personen – darunter Fotograf, Kameramann, Assistenten, Schreiber, Maskenbildnerin – hat er Flüge und Hotels gebucht.

Abseilfahrt
Die Mitglieder der Squaw Valley Ski Patrol müssen sich in jedem Gelände bewegen können.

Sprungtechnik
Bill beweist, dass die Pistensheriffs nicht nur gute, sondern sehr gute Skifahrer sind.

Abendausflug
Nach einem Arbeitstag an der frischen Luft tritt die Squaw Valley Ski Patrol den Heimweg an.

12 000
Pro Jahr wird die Bergwacht Bayern im deutschen Alpenraum etwa 12 000-mal zu Hilfe gerufen. Etwa 1 400-mal kommt dabei ein Hubschrauber zum Einsatz.

3 000
So viele Männer und Frauen machen ehrenamtlich bei der Bergwacht Bayern Dienst.

SCHNEEBRETT-LAWINE
Ein Schneebrett bricht wie eine riesige Platte ab. Ihre obere Abrisskante verläuft wie ein gezackter Strich quer zum Hang.

LOCKERSCHNEE-LAWINE
Sie besteht aus lockerem Schnee, der sich in sehr steilem Gelände punktförmig löst und sich dann birnenförmig ausbreitet.

STAUBLAWINE
Losgelöster, trockener Schnee bildet ein Schnee-Luft-Gemisch. Dieses hebt sich vom Boden ab und entwickelt sich zu großen Wolken aus Schneestaub. Sie können bis zu 300 Stundenkilometer schnell werden.

LAWINENLAGE-BERICHT
Die Gefahr von Lawinenabgängen wird mittels einer Gefahrenskala veranschaulicht. Diese reicht von 1 (gering) bis 5 (sehr groß). Der Lawinenlagebericht wird in den einzelnen Alpenregionen täglich herausgegeben.

Seine Kunden erwarten Fotos. Und auch Lel Tone von der Squaw Valley Ski Patrol rechnet mit seinem Kommen. Verzweifelt studiert Florian Wagner noch einmal die Wetterkarten. Über San Francisco an der kalifornischen Küste hat sich ein Regengebiet gebildet. Mit etwas Glück könnte dieses nach Osten ziehen, dann würde es im höher gelegenen Squaw Valley vermutlich schneien. Florian Wagner setzt alles auf eine Karte. Und er hat Glück: In der Nacht fällt fast ein Meter Neuschnee.

Explosive Arbeit

An der Bergstation der Gondelbahn angekommen, machen sich Lel Tone und Kody sofort auf den Weg zu einem kleinen Bunker neben der Piste. Dort lagert Sprengstoff. Mit der explosiven Ladung im Rucksack saust sie die Piste hinunter. Florian Wagner flitzt mit der Kamera hinterher. Zum Glück ist der Fotograf in Oberammergau direkt neben dem Ortsskilift aufgewachsen und später Skirennen gefahren. Sonst könnte er Lel Tone, einer der besten Skifahrerinnen der USA, kaum folgen. Nach der schnellen Abfahrt steigt sie in ein Snowmobil um, eine Art Motorboot auf Ski. Rasant saust Lel Tone mit dem antriebsstarken Gefährt die Hänge hinauf. In Squaw Valley sind insgesamt sechs Berge mit 30 Liften erschlossen. Mit geübten Handgriffen befestigt Lel Tone Zündschnüre an den Dynamitstangen. Dann zieht sie den Zünder und wirft das Paket in weitem Bogen in einen glitzernden Neuschneehang. Es dauert 90 Sekunden, bis die Sprengladung explodiert. Die Erschütterung löst eine Lawine aus, Schneemassen rutschen Richtung Tal. Jetzt kann nichts mehr passieren. Die unter dem Hang entlangführende Piste ist vor Lawinen sicher und Lel Tone lässt sie für Skifahrer öffnen. Anschließend steigt sie wieder auf Ski um. Man merkt der Frau an, dass sie seit etlichen Jahren jeden Winter Tag für Tag auf den Brettern steht. Skifahrer, die zu schnell unterwegs sind und sich und andere gefährden – so genannte Pisten-Rowdys – haben bei ihr keine Chance. Auch diejenigen nicht, die in gesperrtes Gelände abseits der Pisten fahren. Denn in Squaw Valley locken viele Tiefschneehänge. Zwischen den Rotkiefern, in Rinnen und Mulden, in Schneewannen und über Felsklippen lassen sich wunderschöne „Lines“ ziehen. So nennen Skifahrer und Snowboarder die Spuren, die sie im Tiefschnee hinterlassen. An manchen Tagen ist die Lawinengefahr allerdings so groß, dass die Patrol das freie Gelände sperrt. Es gibt sogar Schilder, die mit einem Totenkopf vor der Einfahrt in steile Hänge warnen. Wer es dennoch wagt, in so einen Hang einzufahren, muss damit rechnen, dass er von Lel Tone und ihren Kollegen verfolgt wird. Und zur Strafe seinen Liftpass abgeben muss. Lawinensprengungen und Sicherung der Pisten

Die Rettung naht
Ein Freiwilliger wird bei einer Übung aus dem Sessellift abgeseilt.

Explosive Ladung
In Materialhütten entlang der Piste wird auch Sprengstoff gelagert.

Der Schein trügt
An schönen Tagen mit Neuschnee hat die Squaw Valley Ski Patrol die meisten Einsätze.

Schneller Transport
Dank des Hubschraubers sind die Pistensheriffs schnell an ihrem Einsatzort.

Konzentration und Kraft
Die Abfahrt mit dem gut 100 Kilo schweren Rettungsschlitten erfordert großes Können.

sind jedoch nicht die einzigen Aufgaben der Squaw Valley Ski Patrol. Auch die Bergung verschütteter Skifahrer gehört dazu. Und die Rettung verzweifelter, frierender Menschen, die in einer kaputten Gondel- oder Sesselbahn stecken geblieben sind. Florian Wagner fotografiert die Bergwacht bei einer Übung. Zwei Männer sollen aus einem Sessellift befreit werden. Diese entsprechen in Squaw Valley nicht mehr dem neuesten Stand der Technik – sie haben weder Klappbügel, die vor dem Herausfallen schützen, noch Fußstützen. Nach einer Stunde im Sessel beginnen die Männer zu jammern. Die Kälte kriecht in ihre Knochen, und das Gewicht der Skischuhe und Ski zerrt an den Knöcheln. Für Lel Tone heißt es, trotzdem Nerven zu bewahren. Auch wenn sie sich gerne beeilen würde, darf sie nicht in Hektik verfallen. Dann nämlich passieren Fehler. Und das wäre auf dem schwankenden Stahlseil des Sessellifts lebensgefährlich. Nach einer gefühlten Ewigkeit erreicht Lel Tone schließlich den Sessel und die beiden Männer. Sie sichert die beiden, dann lässt sie einen nach dem anderen an einem Seil auf den Schneeboden ab. Lel Tone ist zufrieden. Im Abendlicht schwingt sie die leeren Skihänge hinab zu ihrem Haus. Kody saust neben ihr die Pisten hinab. Daheim wird Frauchen den Ofen anheizen. Und dann, das weiß der Hund natürlich, wird es auch ein paar Streicheleinheiten geben.

Mut und Geschicklichkeit
Lel Tone ist eine der erfahrensten Mitglieder der Squaw Valley Ski Patrol.

Wanderwege
Selbst in Felswände wurden während des Ersten Weltkriegs Steige gesprengt.

GRUSELN MIT AUSSICHT

Die Dolomiten waren im Ersten Weltkrieg Schauplatz heftiger Kämpfe. Heute sind die Wege und Stollen, die von den Soldaten gebaut wurden, zum Zeichen des Friedens geworden.

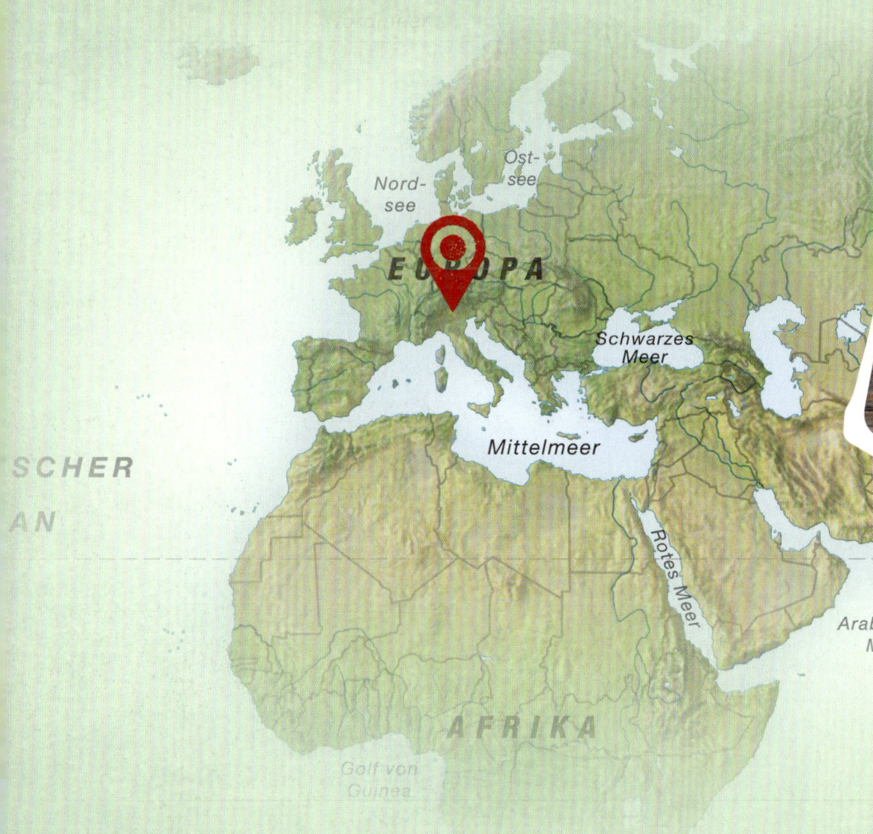

Klettersteige
„Via Ferrata" ist der italienische Name für einen „Eisenweg"

Vor einer Woche war Florian Wagner schon einmal hier. Auf dem Gipfel des „Kleinen Lagazuoi" in den Dolomiten. Doch da war der Himmel von grauschwarzen Wolken verhangen. In der Ferne grollte bereits der Donner, Blitze zuckten am Horizont. Die Luft war geladen. In wenigen Minuten würde ein Gewitter losbrechen. Ohne lange zu zögern, beschloss Florian Wagner, sein „Shooting" abzubrechen. So nennen Fotografen ihre Arbeit, wenn sie Frauen und Männer für eine Geschichte ablichten. Doch die Arbeit in freier Natur ist eben anders als in einem Fotostudio. Wenn das Wetter nicht mitspielt, wenn es regnet, hagelt, schneit oder gewittert, muss der Fotograf das Shooting abbrechen. Und ein zweites Mal anreisen. Heute haben Florian Wagner und sein Team Glück. Über die felsigen Dolomitengipfel spannt sich ein blauer, wolkenloser Himmel. Es ist nicht zu kalt und nicht zu heiß. Ein leichter Wind weht um die Bergspitzen und sorgt für ständige Erfrischung. Die Luft ist kristallklar, die Fernsicht überwältigend. Florian Wagner könnte sich eigentlich keine besseren Arbeitsbedingungen wünschen. Und dennoch fühlt er sich nicht richtig wohl in seiner Haut.

Denn der Gipfel des „Kleinen Lagazuoi“ hat, wie viele andere Berge und Täler in den Dolomiten, eine schreckliche Geschichte.

Kampf in den Bergen

Jetzt, im Sommer, wärmt sich der Fels schön auf – doch im Winter 1916/17 war er von acht Metern Schnee bedeckt. Damals „lagen“ hier Soldaten. So heißt das in der Sprache des Militärs, wenn Soldaten eine Stellung halten. Man könnte nämlich auch sagen: Hier gruben sie sich ein, hier schwitzten und froren sie. Hier schossen sie auch, die Soldaten des Kaiserreichs Österreich-Ungarn in ihren Wollmänteln und Bundhosen. Florian Wagner läuft ein Schauer über den Rücken, wenn er sich das Schicksal der Soldaten vorstellt. Der sogenannte „Dolomitenkrieg“ begann ein Jahr nach Ausbruch des Weltkriegs. Im Mai 1915 erklärte das Königreich Italien dem Deutschen Reich und Österreich-Ungarn den Krieg. Daraufhin begannen die Alpenmächte sich entlang der Alpen zu bekämpfen. Die Auseinandersetzungen sollten zwei Sommer und zwei Winter dauern. Der „Kleine Lagazuoi“, ein eigentlich unscheinbarer Gipfel, wurde dabei zu einem sehr wichtigen und hart umkämpften Punkt. Die italienischen Truppen wollten von Süden ins Pustertal vorrücken, um dort die Nachschubwege der Österreicher abzuschneiden. Die Österreicher aber

Rastplatz
Wo sich Soldaten im Ersten Weltkrieg hinter Mauern verschanzten, genießen Wanderer heute die Aussicht.

Nistplatz
Hoch über dem Wolkenmeer und den „Bleichen Bergen“ zieht eine Bergdohle ihre Runden.

Platzangst
Wer den „Pößnecker Steig“ in der Sella-Gruppe begehen will, sollte keine Scheu vor engen Stellen haben.

Der Bergführer Roman Tschurtschenthaler blickt aus einem Stollenloch auf die „Drei Zinnen“.

Das in Felsbänder gegliederte Dolomitgestein erlaubt Ausflüge in die Senkrechte.

Zur Abwechslung geht es auch in den Dolomiten mal auf flachen Pfaden dahin.

An vielen Stellen zeugt Stacheldraht davon, dass in den Dolomiten einst ein fürchterlicher Krieg tobte.

4 500 METER

Die Rupalflanke des Nanga Parbat (8 125 m) ist die höchste Fels- und Eiswand der Welt. Sie wurde nur von einer Handvoll Menschen durchstiegen.

828 METER

Der Burj Khalifa in Dubai ist das höchste bisher von Menschenhand geschaffene Gebäude.

wollten dies unbedingt verhindern, weshalb sie sich auch auf dem „Kleinen Lagazuoi“ verschanzten. Auf halber Höhe seiner Südwand wird der „Kleine Lagazuoi“ von einem breiten Felsband durchkreuzt. Am 24. Oktober 1915 besetzten italienische Soldaten einen Teil dieses Bandes. Von dort aus konnten sie zwei Pässe, die von den Österreichern gehalten wurden, beschießen. Bis der „Dolomitenkrieg“ 1917 zu Ende ging, bauten die Italiener auf dem „Cenga Martini“ Unterkünfte, Küchen, Depots, eine Seilbahnstation, eine Schmiede, eine Schreinerei, eine Telefonzentrale, eine Schreibstube und eine Sanitätsstation in die Felsen. Zeitweise lagerten in der Südwand des Berges bis zu 4 000 Männer! Ihr Leben war allerdings stark gefährdet. Denn über ihnen, auf dem Gipfel, harrten die Österreicher aus. An Seilen ließen diese Scharfschützen herab, die die Soldaten auf dem Felsband unter Beschuss nahmen. Dreimal sprengten die Tiroler riesige Felsmassen ab, nachdem sie den Sprengstoff in mühsam gegrabenen Stollen angebracht hatten. Der „Kleine Lagazuoi“ wurde durch die Sprengungen komplett umgestaltet. Am Fuß des Berges zeugen große Geröllhalden von den verheerenden Explosionen. Doch die Italiener ließen sich nicht verdrängen. Um Richtung Gipfel vorzudringen, durchlöcherten sie das Innere mit kilometerlangen Stollen – durch die man, mit Taschenlampe und Helm ausgerüstet, heute noch wandern kann. Als Florian Wagner sich auf den Weg macht, sagt er: „Eigentlich ist das unvorstellbar. Vor knapp 100 Jahren haben sich hier Menschen beschossen. Es herrschte ein fürchterlicher Krieg. Und wir haben es den Soldaten zu verdanken, dass wir durch diese einzigartige Landschaft wandern können.“

Spuren der Vergangenheit

Tatsächlich ist es unmöglich, auf dem Weg zum „Kleinen Lagazuoi“ an den Schießscharten, Geschützfenstern und Luftschächten vorbeizugehen, ohne daran zu denken, wie sehr die Soldaten in den Bergen leiden mussten. Vor allem in den Wintermonaten, wenn die Männer wochenlang in Eiseskälte froren. „Mich“, sagt Florian Wagner, „macht das völlig fertig. In den Stollen würde ich wahrscheinlich keine Woche lang überleben.“
Er ist in den Dolomiten unterwegs, um die Steige, Pfade und Wege zu fotografieren, die während des Ersten Weltkriegs entstanden. Sie erschließen den heutigen Besuchern eine wunderschöne und einzigartige Landschaft. Über bewaldeten Tälern und sattgrünen Almen erheben sich

DIE DOLOMITEN

Die Dolomiten bilden eine Gebirgskette, die im nördlichen Italien liegt. Der höchste Gipfel ist die Marmolata mit 3 343 Metern Höhe. Aufgrund ihrer Schönheit wurden die sogenannten „Bleichen Berge“ 2009 in das Weltnaturerbe der UNESCO aufgenommen.

KALKSTEIN

Kalk besteht aus Material, das abgetragen und zerkleinert wurde. So lagert sich Schicht für Schicht ab, bis sich dieses zu neuem Gestein verfestigt. Häufig bildet sich Kalk in warmen, flachen Meereszonen, wenn sich Schalen und Skelette abgestorbener Lebewesen absetzen und ansammeln.

DOLOMIT

Die Dolomiten bestehen, wie der Name sagt, hauptsächlich aus Dolomit. Das Gestein ist mit dem Kalkstein verwandt, jedoch härter und spröder. Sein Name leitet sich vom französischen Forscher Déodat de Dolomieu ab (1750–1801), der das Gestein als Erster beschrieb.

Hoch hinaus
Der senkrechte, griffige Fels macht die Dolomiten zu einem Paradies für Kletterer.

Drei Zinnen
„Kleine, Große und Westliche Zinne" (von links) sind die Wahrzeichen der Dolomiten.

graugelbe Felstürme, die den Gesetzen der Schwerkraft zu trotzen scheinen. Nirgendwo sonst in den Alpen sind die gewaltigen Kräfte, die das Gebirge seit gut 60 Millionen Jahren anheben, so deutlich zu erahnen wie zwischen den Wänden, Türmen, Pfeilern und Nadeln der Dolomiten – emporgehoben, zerdrückt und gefaltet, zerfurcht, verwittert, zermahlen von Wasser, Wind und Schwerkraft. Es gibt allen Grund, sich dort recht klein zu fühlen. Vor allem unter Wänden, die so gewaltig sind wie die Nordwände der „Drei Zinnen". Sie sind das Wahrzeichen der Dolomiten. Wie ein Dreizack erheben sie sich aus dem Geröll an ihrem Fuße. 1869 wurde die 2 999 Meter hohe „Große Zinne" erstbestiegen. Ihre düstere Nordwand zählt zu den großen Wänden der Alpen. 1933 schafften es die Kletterer Emilio Comici sowie Guiseppe und Angelo Dimai als Erste durch die abweisende Mauer. Bis heute wagen sich nur sehr erfahrene und gute Kletterer in diese und ähnliche Dolomiten-Wände. Florian Wagner ist deshalb froh, dass er mit seinen Fotomodellen auf gut ausgebauten Steigen bleiben kann – selbst wenn hier und da rostiger Stacheldraht daran erinnert, aus welchem Grund die Wege einst in die Felsen gesprengt wurden.

DIE SUCHE NACH „CURRY POWDER“

Abgehoben
Snowboarder Elias Elhardt und der Hubschrauber beim Synchronflug über den Gipfeln des Himalajas.

Bodenständig
Ein alter Kaschmiri aus dem Dorf Drang blickt etwas skeptisch in die Kamera von Florian Wagner.

Im Örtchen Gulmarg im Norden Indiens fallen jeden Winter etwa 20 Meter Schnee. Kein Wunder, dass Florian Wagner dort fast ideale Bedingungen vorfand.

Florian Wagner hat schon viele Skifahrer und viele Snowboarder fotografiert. Er hat sie nach Alaska, nach Kanada, nach Russland, ins österreichische St. Anton und ins schweizerische Davos begleitet – überall dorthin, wo der Pulverschnee für seine Menge und seine Qualität berühmt ist. So etwas wie hier aber hat er noch nie erlebt. Mit den Weltklasse-Snowboardern Marc Swoboda, Elias Elhardt und Knut Eliassen ist er nach Indien gereist. Ganz in den Norden, nach Kaschmir. Dort wo die Gebirgskette des Himalajas einen fünf-, sechs- und siebentausend Meter hohen Berg an den nächsten reiht. So viele Gipfel, dass sie kaum noch zu zählen sind. In diesen Bergen wollen die Snowboarder und der Fotograf nach unberührten Hängen suchen, nach dem berühmten „Curry Powder“, von dem sie schon so viel gehört haben.* Ausgangspunkt ihrer Suche ist das Örtchen Gulmarg, das auf 2700 Metern über dem Meeresspiegel liegt.

**Der Begriff „Curry Powder“ ist ein Wortspiel. „Curry“ bezieht sich auf die Gewürzmischung, die aus Indien stammt. Das englische Wort „Powder“ bedeutet „Pulver“ oder „Puder“ und wird von Skifahrern und Snowboardern als Bezeichnung für lockeren Pulverschnee verwendet. „Curry Powder“ ist also der besonders leichte und trockene Pulverschnee, der in den Bergen Kaschmirs fällt.*

SHOP NO.6
KIRYANA

Dick eingemummelt schützen sich die Menschen in Kaschmir vor der winterlichen Kälte.

Der Name bedeutet „Blumenwiese" – aber natürlich ist im Winter von der Blütenpracht nichts zu sehen, die die Hänge der Berge in den Frühlingsmonaten bunt sprenkelt. Jetzt im Januar ist die Umgebung Gulmargs unter meterhohem Weiß vergraben. In manchen Wintern fallen im Kaschmir bis zu 20 Meter Schnee. Das ist gut doppelt so viel wie in den schneereichsten Orten der Alpen.

Ein Skifahrer-Traum

Als Florian Wagner und seine drei Snowboarder in Gulmarg ankommen, fallen ihnen sofort die vielen Soldaten auf, die in den Straßen des Dorfes patrouillieren. Gulmarg hat zwar nur 600 Einwohner und besteht in erster Linie aus ein paar Holzhütten, Restaurants und Hotels, doch in dem engen Hochtal sind tausende indische Soldaten stationiert. Grund dafür ist der sogenannte Kaschmir-Konflikt, der seit Jahrzehnten in dieser Gegend ausgetragen wird. Die Staaten Indien, Pakistan und China sind nämlich alle der Meinung, dass Kaschmir zu ihnen gehört – hauptsächlich, weil sie an den Rohstoffen der

Leicht bekleidet posieren indische Touristen für ein Foto, bevor sie ins warme Hotel zurückkehren.

Auf dem Dal-See in Srinagar bieten Bauern auf schmalen Booten Obst und Gemüse an. Spätabends kehrt auf den Hausbooten Ruhe ein.

Gebirgsregion interessiert sind. Vor allem am Wasser. Dazu kommen religiöse Spannungen. Die Mehrheit der Menschen in Kaschmir sind Muslime. Auch in dem Teil, der zu Indien gehört. In Indien selbst aber sind Menschen an der Macht, die dem Hinduismus angehören. So fühlen sich Moslems und Hindus unterdrückt und bedroht. Und es kommt immer wieder zu Kämpfen und terroristischen Anschlägen. Um dennoch nach Kaschmir zu reisen, sagt Florian Wagner, „braucht man schon Abenteuergeist". Belohnt wird man dafür mit besonderen Eindrücken und Erlebnissen – vor allem, wenn man einen Mann dabei hat, der sich wie kein Zweiter in den Bergen auskennt. In Gulmarg treffen der Fotograf und die Snowboarder Billa Bakshi. Der junge Mann ist in dem Ort in den Bergen geboren und aufgewachsen – mit seiner weiten Skihose, der tief in die Stirn gezogenen Wollmütze und der coolen Sonnenbrille wirkt er allerdings eher wie einer der Touristen, die für den Wintersport nach Indien gereist sind.

Mit einem Taxi reisen die Skitouristen auf den Straßen Kaschmirs Richtung Berge.

Für einen kurzen Augenblick begegnen sich die Blicke des Fotografen aus Deutschland und des Mädchens aus Kaschmir.

10 METER

Dem legendären Snowboarder Terje Håkonsen gelang 2007 mit gut zehn Metern der höchste Sprung mit dem Snowboard.

13 JAHRE

Der Norweger Marcus Kleveland war erst 13, als ihm mit dem „Backside Triple Cork 1440" einer der schwierigsten Airs auf einem Snowboard gelang – ein Dreifachsalto mit dreifacher Schraube.

DAS SNOWBOARD-1x1

AIR
Das englische Wort für „Luft". So werden die Tricks genannt, die in der Luft ausgeführt werden.

360
Wenn man sich bei einem Air einmal um die eigene Achse dreht, springt man einen „360". Es sind auch Drehungen um 180, 540 oder 720 Grad möglich. Ein „1080" ist eine dreifache Drehung.

GOOFY/ REGULAR
Goofy-Fahrer haben den rechten Fuß vorne auf dem Snowboard. Wer regular fährt, den linken.

GRAB
Bei einem „Grab" wird die Hand während des Sprungs an eine bestimmte Stelle des Boards gehalten; bei einem „Nose-Grab" etwa an die Spitze.

Billa Bakshi fährt Ski, seitdem er denken kann. Er war der Erste, der auf die Idee kam, mit breiten Brettern an den Füßen durch den Tiefschnee des indischen Himalajas zu rauschen. Damals gab es weder Skilifte noch eine Gondel. Jeden Meter, den der junge Mann hinunterfahren wollte, musste er zunächst mühsam aufsteigen. Das hielt ihn nicht davon ab, seine freie Zeit auf Ski zu verbringen. Seine Leidenschaft hat Billa Bakshi inzwischen zum Beruf gemacht: Er ist Gründer und Besitzer des Unternehmens „Kashmir Heliski". Mit zwei Hubschraubern bringt er seine Gäste auf Berge, deren Hänge völlig unberührt in der Sonne glitzern. Der Traum jeden Skifahrers.

Viele Tierspuren

Eigentlich denkt man bei Indien eher an heilige Kühe, die auf den Straßen liegen und den Verkehr blockieren. Oder an Yoga, an Millionenstädte wie Mumbay, an den Marmorpalast Tadsch Mahal. An Skifahren denkt man erst mal nicht. Tatsächlich ist Gulmarg der einzige Skiort Indiens – und zugleich der zweithöchste der Welt.

Mit einer Gondelbahn können Skifahrer auf knapp 4 000 Meter Höhe fahren. Ein neuer Sessellift führt bis auf etwa 3 500 Meter. Die Fahrt auf den Berg kostet umgerechnet knapp fünf Euro. Oben steht man auf dem Mount Apharwat – allein, um sich einmal an diesem Ort fotografieren zu lassen, kommen viele indische Touristen nach Gulmarg. Die meisten von ihnen können weder Ski fahren noch snowboarden. Sie gondeln mit der Seilbahn zurück ins Tal.

Anders jedoch Florian Wagner und seine Freunde. Sie sind ganz heiß darauf eine der vielen Rinnen zu befahren, die vom Mount Apharwat nach unten führen. Schnee liegt ausreichend und die Lawinengefahr ist gering. Das ist wichtig, denn im Notfall würde hier niemand zu Hilfe kommen. Der Fotograf und die Snowboarder haben deshalb ihre Notfallausrüstung immer dabei: Jeder der Männer trägt einen Sender, mit dem sich unter Schnee verschüttete Personen aufspüren lassen. Sie haben lange Sonden dabei, um die genaue Lage eines Unfallopfers zu bestimmen. Und Schaufeln, um den Verschütteten möglichst schnell ausgraben zu können.

Doch es geht alles gut. Elias Elhardt und Mark Swoboda ziehen schwungvoll ihre „Lines" durch den „Curry-Powder" – so nennen Snowboarder die Spuren, die sie im Schnee hinterlassen. Nur auf die andere Seite des Mount Apharwat abfahren, das dürfen sie nicht. Dort liegt die „Line of Control". Also jene Grenze, um die Indien und Pakistan seit Jahrzehnten streiten. „Sperrgebiet – Eindringlinge werden gerichtlich verfolgt", heißt es auf einem Schild in Gipfelnähe. Auf Englisch, Hindi und in arabischen Schriftzeichen wird vor jeglicher Abfahrt nach Westen gewarnt – aus gutem Grund. Denn vermutlich würden die Soldaten auf jeden schießen, der sich trotzdem in die Hänge wagt.

„Curry Powder"
Pulverschnee, trocken und leicht wie das indische Gewürz.

Überblick
Pilot Andreas hat die beste Aussicht über die schneebedeckten Hänge.

Dreieinigkeit
Der Hubschrauber wirft seinen Schatten auf die jubelnden Snowboarder.

Schutzhaltung
Elias Elhardt und Mark Swoboda kehren dem Helikopter den Rücken zu.

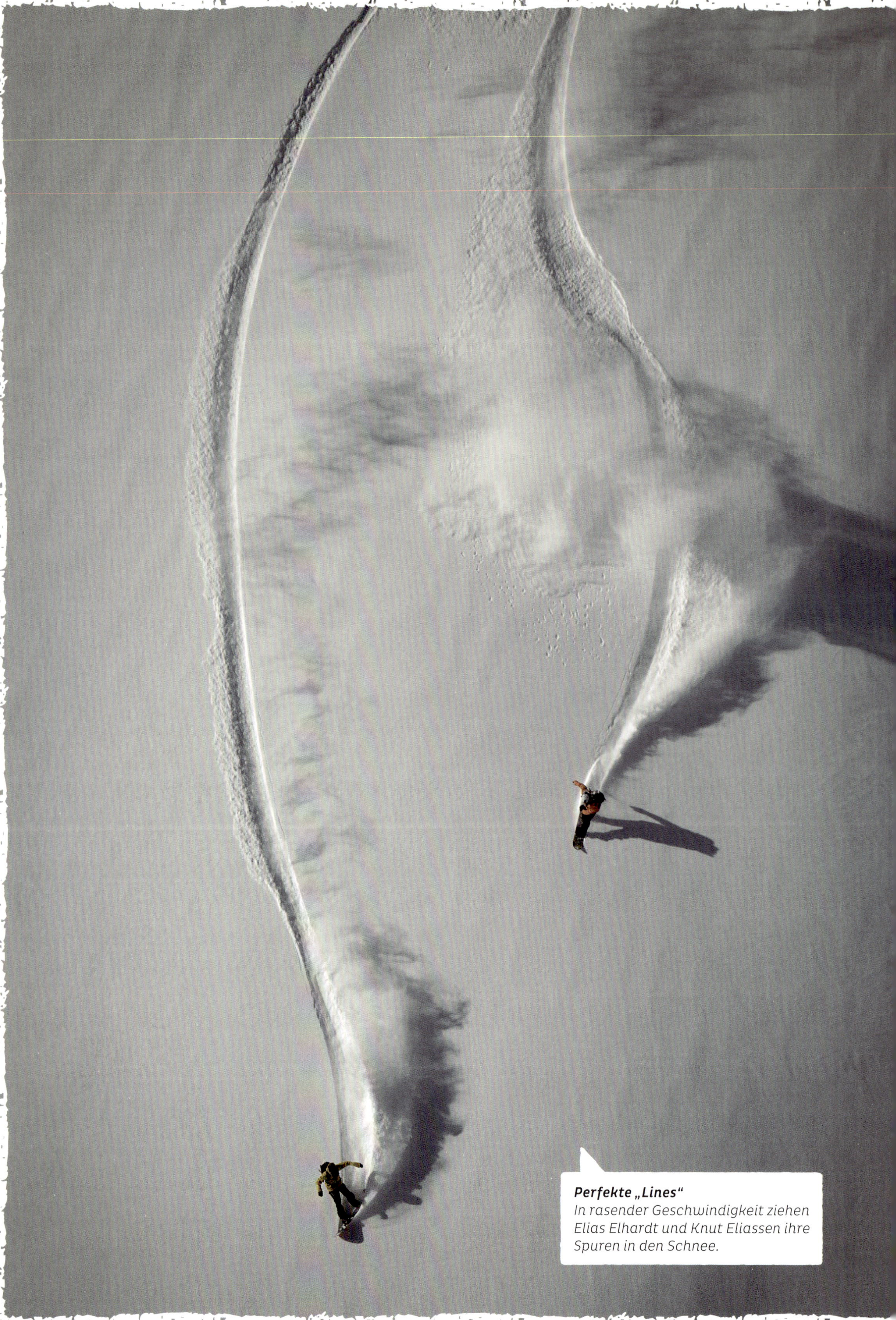

Perfekte „Lines“
In rasender Geschwindigkeit ziehen Elias Elhardt und Knut Eliassen ihre Spuren in den Schnee.

Einen Tag nach den ersten Abfahrten vom Mount Apharwat ist das Wetter so gut, dass die Hubschrauber von Billa Bakshi starten können. Auf über 4 000 Meter Höhe setzt der Pilot den Einheimischen und seine Gäste ab. Als der Hubschrauber wieder abhebt, wirbelt der Abwind der Rotoren mächtig viel Schnee auf. Florian Wagner und die Snowboarder müssen ihr Gesicht schützen, um nicht zu viel feine Schneeflocken zu verschlucken. 1 300 Höhenmeter sind es von der Landestelle bis hinab nach Gulmarg. Und kein einziger Skifahrer oder Snowboarder ist sonst noch unterwegs.
„Dafür", erinnert Billa Bakshi die Besucher grinsend, „gibt es hier im Himalaja Bären, Schneeleoparden und Tiger." Als der Inder die erschrockenen Blicke seiner Freunde bemerkt, fügt er schnell hinzu: „Aber keine Angst, die Tiere sind so scheu, dass man, wenn überhaupt, nur ihre Spuren im Schnee findet."
Beruhigt genießen Florian Wagner, Elias Elhardt, Knut Eliassen und Mark Swoboda die rasante Abfahrt ins Tal. Abends sind die Snowboarder erschöpft, aber zufrieden. Und etwas nachdenklich. Auch für sie ist es neu, in einer Region unterwegs zu sein, in der immer wieder der Krieg aufflammt. Und in der deshalb viele Menschen in Armut leben müssen. Die Besucher fragen sich, ob sie es mit ihrem Gewissen vereinbaren können, trotzdem in Indien Spaß zu haben. Ihr einheimischer Begleiter Billa Bakshi hat dazu eine klare Meinung. Er glaubt, dass Menschen, die so etwas Schönes wie Snowboarden machen dürfen, nicht daran denken, zu Waffen zu greifen. Deshalb bringt er den Kindern in Gulmarg das Skifahren bei. Denn er ist überzeugt: Nur so werden sie eine friedliche Zukunft haben.

Genießen
Nach ihrem Ausflug in die Berge entspannen sich die Snowboarder.

Aufwärmen
Am offenen Feuer kehrt das Gefühl in die Finger- und Zehenspitzen zurück.

Schwelgen
Das indische Essen ist sehr schmackhaft und manchmal ganz schön scharf.

Wegweiser
Der Schriftzug auf dem Stein zeigt den Weg durch Wälder und über Almwiesen in Richtung Lobhörner.

DIE RICHTIGE ENTSCHEIDUNG

Florian Wagner hat als Gleitschirmflieger und Fotograf fast die ganze Welt bereist. Bis er herausfand, dass auch vor der Haustür schöne Abenteuer zu finden sind.

Tief unter ihnen, im Lauterbrunnental, liegt eine dichte, weiße Wolkendecke. Fast sieht es so aus, als habe jemand das Tal mit vielen kleinen Wattebäuschen aufgefüllt, die nun vom leichten Wind hin und her geschubst werden. Über dem Wolkenmeer erheben sich mächtige Gletschergipfel. Das ist das berühmte Dreigestirn der Berner Alpen: die Gipfel von Eiger (3 970 m), Mönch (4 107 m) und Jungfrau (4 158 m).
Florian Wagner und Stephan Siegrist kennen diesen Anblick – vor allem der Schweizer. Er wohnt ganz in der Nähe. Von Beruf ist er Bergführer und einer der erfolgreichsten Bergsteiger-Profis der Gegenwart. Die berüchtigte Eiger-Nordwand, in der schon viele Menschen ums Leben gekommen sind, hat er schon gut 30 Mal durchstiegen. Wenn man so will, ist Stephan Siegrist der Hausmeister der Eiger-Nordwand. Heute aber sind er und Florian Wagner nicht nur zum Klettern auf den Berg gestiegen, sondern auch, um mit dem Gleitschirm wieder hinunterzufliegen. Beide Männer mögen diese Kombination aus Kraxeln und Fliegen sehr. Die Lobhörner eignen sich daher bestens für einen gemeinsamen Ausflug.

Steile Neigung
Vor dem Flug über die Berner Alpen warten noch einige Kletterstellen.

In Australien

Man muss etwas ausholen, um zu erklären, warum die Lobhörner für Florian Wagner etwas besonderes sind. Zum einen hat das nämlich mit seiner eigenen Geschichte zu tun, und zum anderen mit einer guten Freundschaft. Aber fangen wir von vorne an.
In der Schule, sagt Florian Wagner über sich selbst, „war ich ein eher fauler und schwieriger Schüler". Das Abitur schaffte er dennoch. Wahrscheinlich auch deshalb, weil er sich vorgenommen hatte, nach dem Schulabschluss seinen Heimatort Oberammergau so schnell wie möglich zu verlassen und auf Reisen zu gehen. Doch statt zwei oder drei Wochen nach Italien zu fahren, wie es so viele Menschen machen, flog der abenteuerlustige 19-Jährige nach Australien – und blieb dort ein ganzes Jahr.
An der Ostküste des riesigen Kontinents arbeitete Florian Wagner als Cowboy auf einer Ranch. Danach arbeitete er bei einem Motorrad-Reiseveranstalter und fuhr mit diesem von der Stadt Darwin im Norden bis Melbourne im Süden. Gut 4 000 Kilometer sind das, also etwa so weit wie von Madrid nach Moskau.

Leichte Steigung
Die Gleitschirmflieger genießen den Zustieg durch frisches Grün.

761 KILOMETER
Die Amerikaner Dustin Martin und Jonny Durand flogen im Juli 2012 mit ihren Hängegleitern 761 Kilometer weit. Das ist etwa so weit wie die Strecke zwischen München und Hamburg. Die Piloten waren elf Stunden in der Luft.

7 220 METER
Von einem Nebengipfel des Mount Everest sprang der Russe Valery Rozov mit einem Wingsuit in die Tiefe.

GLEITSCHIRM
Gleitschirme bestehen aus einer Schirmkappe, mehreren Leinen und Tragegurten. Gesteuert wird er mit Bremsleinen. Moderne Schirme haben eine Gleitleistung von etwa 1:7. Mit jedem Meter, den sie an Höhe verlieren, kommen sie sieben Meter vorwärts.

HÄNGEGLEITER
Sie werden auch Drachen oder Deltasegler genannt. Der Pilot hängt während des Flugs unter der Tragfläche. Der Pilot steuert seinen Hängegleiter durch Gewichtsverlagerung. Moderne Drachen haben eine Gleitleistung von etwa 1:20.

BASE-JUMPING
Die Abkürzung BASE steht für building (Gebäude), antenna (Sendemast), span (Brücke) und earth (Erde, etwa Felsen). Von diesen stürzen sich BASE-Jumper mit einem speziellen Fallschirm hinunter. Der Flug dauert meist nur wenige Sekunden, dann wird der Schirm geöffnet. BASE-Jumping ist extrem gefährlich.

WINGSUIT
Spezieller Anzug für BASE-Jumper und Fallschirmspringer. Der Stoff zwischen Armen und Beinen wirkt wie Flügel. So kann der freie Fall in eine Vorwärtsbewegung umgewandelt werden. Die Gleitleistung beträgt 1:3. Um landen zu können, benötigen Wingsuit-Flieger einen Fallschirm.

Die Fahrt von Florian Wagner führte allerdings durch eine der am wenigsten bewohnten und wildesten Gebiete der Erde: die Wüsten in Zentralaustralien. Nachdem der junge Oberbayer dieses Abenteuer überstanden hatte, konnte ihn so leicht nichts mehr schrecken. Bereits in seiner Jugend hatte Florian Wagner in den bayerischen Bergen das Gleitschirmfliegen gelernt. Er war damals 16 Jahre alt und einer der ersten Piloten in Deutschland. Kurse oder Ausbilder gab es noch nicht. „Ich habe mir alles selbst beigebracht", erzählt Florian Wagner. Das war natürlich nicht ungefährlich, „weil ich die Berge eher runter gestolpert als geflogen bin." Doch der angehende Luftsportler übersteht auch dies. Und reist nach seiner Zeit in Australien weiter nach Neuseeland, wo er sich zum Gleitschirmlehrer ausbilden lässt. Als er etwas später auch die Fotografie für sich entdeckt, weiß Florian Wagner, dass er fortan seine Leidenschaften verbinden wird.
Und er entwickelt sich zu einem der erfolgreichsten deutschen Abenteuerfotografen.

Auf allen Kontinenten

Im Laufe der Zeit lernt Florian Wagner durch seine Arbeit viele Extremsportler kennen. Manche davon sieht er nur für ein paar Tage, bis die Bilder im Kasten sind. Andere begleitet er immer wieder an verschiedene Orte der Erde. Und zu einigen entwickelt sich eine tiefe Freundschaft – zum Beispiel auch zum sechs Jahre jüngeren Stephan Siegrist.
Der Schweizer machte nach der Schule zunächst eine Lehre zum Zimmermann. In dieser Zeit entdeckte er seine Leidenschaft für die Berge, die er schon als Kind von seinem Fenster aus gesehen hatte. Immer öfter zog es ihn auf die Gipfel. Immer schwieriger wurden die Routen, die er kletterte. Stephan Siegrist beschloss, eine Ausbildung zum staatlich geprüften Berg- und Skiführer zu machen, die er im Alter von 26 Jahren abschloss. Seitdem lebt er als Profi-Bergsteiger und verdient sein Geld mit Sponsoren, Vorträgen und Führungen.
Der Schweizer Alpinist hat auf allen sieben Kontinenten der Welt Berge bestiegen und dabei neue Kletterrouten eröffnet. Seine Abenteuer führten ihn – ebenso wie Florian Wagner – um die ganze Welt. Irgendwann aber kam der Zeitpunkt, an dem beide Männer merkten, dass man nicht immer weit weg fahren muss, um spannende und besondere Dinge zu unternehmen, sondern dass die Abenteuer vor der Haustür liegen. So wie an den Lobhörnern zum Beispiel.

Vor der Haustür

Früh am Morgen brechen Florian Wagner und Stephan Siegrist im Tal auf. Noch ist es angenehm kühl, und durch den Nadelwald wabert weißgrauer Nebel. Es dauert nicht

Der „Mönch“ und die „Jungfrau“, die beiden Gipfel im Hintergrund, bilden die Kulisse für Stephan Siegrist (links) und Freunde.

Mit Spannung warten die Piloten, bis der Wind hangaufwärts weht. Dann können sie starten.

Auf dem Gipfel nimmt der Kletterer das Seil in Schlingen auf.

Über den Wolken erheben sich die Gipfel der „Berner Alpen“. Im Schatten liegt die berühmte Nordwand des Eiger.

Vier gewinnt!
Je ein Pilot und ein mitfliegender Gast gleiten im Tandemflug zu Tal.

lange, bis die Männer die Baumgrenze erreicht haben. Über sattgrüne Almwiesen, vorbei an dunklen Seen, schlängelt sich der Weg nach oben. Der Schweizer Wetterbericht hatte recht. In den Tälern hält sich zwar lange der Nebel, doch in den Höhenlagen bricht die Sonne schon bald durch die Wolkendecke. Eine sogenannte Inversionslage stellt sich ein: Wie ein Deckel liegt die warme Luft in der Höhe auf der kalten Luft darunter. Während im Tal die Menschen frösteln, sind die Bergsteiger im T-Shirt unterwegs.

Vor ihnen liegt der Grat der Lobhörner – wie der gezackte Schwanz eines Drachen erheben sich die Felsen über dem Grün. Über diese schmale Schneide wollen Stephan Siegrist und Florian Wagner auf den höchsten Punkt klettern. Die Kletterei fällt den Bergprofis nicht schwer. Dennoch schließen sie sich mit zwei Freunden zu zwei Seilschaften zusammen. So kann einer der beiden den anderen sichern, während dieser über die Felsen voraussteigt. Florian Wagner ist es etwas mulmig. Er ist zwar ein Draufgänger durch und durch, aber die grauen Felsen sind nicht sein Lieblingsgelände. Da schwebt er schon lieber frei wie ein Vogel durch die Lüfte.

Bald schon ist es so weit. Nachdem die Männer den Gipfel erreicht haben, steigen sie bis auf eine Wiese ab, die leicht geneigt auf der Südseite der Lobhörner liegt. Das ist der ideale Startplatz! Gewissenhaft werden die Gleitschirme ausgepackt und ausgebreitet. Vor allem auf die vielen Leinen muss geachtet werden – sie dürfen sich keinesfalls verheddern, sonst bläst sich die Schirmkappe nicht richtig auf, und man bekommt in der Luft ein großes Problem. Weil Florian Wagner heute fotografieren will, wird er den Gleitschirm nicht selbst steuern. Stattdessen sitzt er wie ein Beifahrer im Tandemschirm. So hat er beide Hände frei, während der Pilot sich um die Flugmanöver kümmert.

Einen Moment noch warten die Männer, bis sich die Wolkendecke im Tal etwas lichtet.

Dann ist es endlich so weit. Die Sonne steht richtig, der Wind bläst nicht zu schwach und nicht zu stark und die Sicht ist perfekt. So schnell es geht, laufen Florian Wagner und sein Pilot die Wiese hinunter. Mit einem lauten Rascheln bauscht sich der Schirm hinter ihnen auf. Noch drei Schritte, zwei, eins – und schon sind Fotograf und Begleiter in der Luft. Florian Wagner hält seine Kamera bereits in den Händen. Die Stimmung ist einzigartig. Das Abendlicht schärft die Umrisse der Berge. Die tiefstehende Sonne zaubert Reflexe auf Wolken und Gletschereis.

Und in diesem Moment weiß Florian Wagner, dass er damals nach der Schule die richtige Entscheidung getroffen hat.

3,2,1, los!
Durch Aufziehen des Schirms gegen den Wind, füllt sich das Segel mit Luft. Der Flugpilot muss nur noch loslaufen.

Gerber

NORD
Beaufort-
see
Baffin
Bay
Europa
Nord
NÖRDLICHER POLARKREIS
Hudson
Bay
Labrador-
see
Golf von
Alaska
NORD-
AMERIKA
Squaw-Valley
Sierra Nevada, S. 24
Löbhörner
Schweiz, S. 50
ATLANTISCHER
OZEAN
Golf von
Mexiko
NÖRDLICHER WENDEKREIS
Karibisches Meer
ÄQUATOR
Gol
Gu
SÜD-
AMERIKA
PAZIFISCHER
OZEAN
SÜDLICHER WENDEKREIS
ATLANTISCHE
OZEAN
SÜDLICHER POLARKREIS
SÜDPOLA
Wedellmeer
AN